西安市科技局科普专项支持（项目编号：24KPZT0015

U0626592

前沿科技科普丛书

人造卫星

RENZAO WEIXING

前沿科技科普丛书编委会　编

西安电子科技大学出版社

图书在版编目(CIP)数据

人造卫星 / 前沿科技科普丛书编委会编.— 西安：
西安电子科技大学出版社, 2023.11
（前沿科技科普丛书）
ISBN 978-7-5606-6669-3

Ⅰ. ①人… Ⅱ. ①前… Ⅲ. ①人造卫星—青少年读物
Ⅳ. ①V474-49

中国版本图书馆 CIP 数据核字(2022)第 210947 号

策　　划　邵汉平　陈一琛
责任编辑　陈一琛
出版发行　西安电子科技大学出版社(西安市太白南路 2 号)
电　　话　（029）88202421 88201467　　邮　　编　710071
网　　址　www.xduph.com　　　　　　电子邮箱　xdupfxb001@163.com
经　　销　新华书店
印刷单位　广东虎彩云印刷有限公司
版　　次　2023 年 11 月第 1 版　　2023 年 11 月第 1 次印刷
开　　本　787 毫米×960 毫米　　1/16　　印张　6
字　　数　100 千字
定　　价　26.80 元
ISBN　978-7-5606-6669-3/ V
XDUP　6971001-1
*****如有印装问题可调换*****

前 言

　　从飞上天空到遨游宇宙,人类向往蓝天、向往太空的梦想从未熄灭。人造卫星,作为人类发射到太空的小"卫士",已经成为发射数量最多、用途最广、发展最快的航天器。

　　本书主要介绍人造卫星的相关知识,包括卫星的概念,人造卫星的定义、特点、分类和作用,人造卫星的历史、发展、现状和未来,人造卫星的组成、发射和运行轨道,中国人造卫星的发展历程及现状等。此外,本书重点列举了具有不同作用的人造卫星,如通信卫星、气象卫星、导航卫星、军事卫星等,还特别介绍了我国著名的卫星系统如风云气象卫星、北斗卫星导航系统,帮助青少年全方位了解人造卫星的知识。

目录

行星的小卫士——卫星

宇宙中,绕着行星,按照闭合轨道做周期性运动的天体,就是卫星。科学家认为这种天体好像守卫着行星,是行星的小卫士,所以给它们取名叫卫星。

卫星自己不发光

卫星不会发光,但是很多卫星能够反射恒星的光。我们熟知的月球就是地球的卫星,我们之所以能够在夜晚看到月亮,是因为月亮反射了太阳的光。

▲ 地球和月球

太阳系的卫星

太阳系的卫星,包含行星的卫星、矮行星的卫星和小行星的卫星。八大行星共有卫星285颗,其中土星有卫星146颗,木星有卫星95颗,天王星有卫星27颗,海王星有卫星14颗,火星有卫星2颗,地球有卫星1颗。

▶ 太阳系中卫星最多的行星是土星

卫星绕着行星转

卫星的动力来源于行星的引力。行星在向自己的引力中心收缩的过程中,形成了扁平状的星云盘,位于星云盘中央的是行星,位于星云盘外围的是卫星。

▼ 土星和它的卫星

人造卫星

仿照天然卫星，人类制造出了能够环绕地球飞行，并且在空间轨道运行一周以上的无人航天器，这就是"人造卫星"。环绕着哪一颗行星运转，我们就称它为哪一颗行星的人造卫星。

人造地球卫星

现在人们说的"人造卫星"，通常都是指人造地球卫星。由于受到地球的引力和绕地球旋转的离心力的共同作用，人造卫星在太空中处于平衡状态，不会掉下来。

属于航天器

人造卫星是航天器大家族的一员，属于无人航天器。它们的数量多，发展快，约占航天器发射总数的90%以上。

由火箭发射

人造卫星不能直接发射，需要由具有巨大推动力的火箭送入太空。因此研制人造卫星的同时，还要研制运载火箭。

◀火箭发射瞬间

▲ 人们通过 GPS 卫星的测量发现，克罗地亚和意大利的海岸每年彼此接近 4 毫米

可探测宇宙

人造卫星的发射让人类能够观察地球全貌，为人类揭示宇宙的奥秘，推动人类科技的进步。

为人类服务

人造卫星有多种功能，在通信、气象、导航、国防等领域发挥作用，为人类的生产生活和发展服务。

▼ 卫星拍摄的飓风风眼

人造卫星和天然卫星

1. 天然卫星是自然形成的。行星云盘的外围分散着各种物质，这些物质不断集中并收缩，形成转动的球体，在行星的引力作用下绕行星运转，成为卫星。人造卫星则是人类研究制造出来的。

2. 天然卫星能平衡行星的自转，质量比较大的卫星自身引力比较大，还会给行星带来很多影响。比如，月球影响地球上的潮汐，也影响地球上的生命。人造卫星的作用则是为人类提供各种服务。

3

第一颗人造卫星

1957 年 10 月 4 日，苏联在拜科努尔航天中心发射了人类第一颗人造卫星——"斯普特尼克 1 号"。它的成功发射，标志着人类开始进入太空时代。

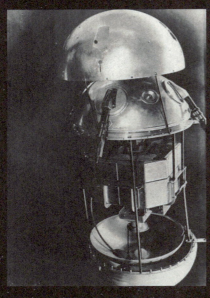

▲ "斯普特尼克 1 号"卫星分解图

卫星的设计

"斯普特尼克 1 号"卫星是一颗球体，仿照地球的形状设计而成。它直径 58.5 厘米，重 83.6 千克，由壳体、仪器设备和天线组成，里面装有化学电池、无线电信号发射器和温度调节系统等仪器设备。

"斯普特尼克 1 号"卫星的组成

"斯普特尼克 1 号"卫星由壳体、天线等组成。壳体分为三层，最外面一层是 1 毫米厚的隔热层，中间一层是由 0.2% 的钛和铝制成的合金外壳，里面一层是由 6% 的镁和铝制成的合金外壳。四条天线像 4 根小辫子，一对长 2.4 米，另一对长 2.9 米。

卫星的发射

1957 年 10 月 4 日 19 时 28 分 34 秒，随着"点火"的指令响起，拜科努尔航天中心的发射现场发出了一声巨响，在一团令人目眩的火焰中，运载火箭载着卫星离开了地面。

卫星背后的故事

早在 1954 年，苏联就提出了研制人造卫星的计划。由于缺乏技术，人造卫星总工程师认为，应该造一颗简单的卫星。得知美国也在研制人造卫星，苏联决定将发射时间定在美国之前。卫星发射上天后，苏联骄傲地称自己的卫星是"第二个月亮"。

▶ 纪念海报上的"斯普特尼克 1 号"卫星和它的运载火箭

▼"斯普特尼克 1 号"卫星

卫星的运行

"斯普特尼克 1 号"卫星随运载火箭升空，轨道与地球赤道平面的夹角为 65 度，每 96.2 分钟绕地球 1 周，在太空中运行了 92 天，于 1958 年 1 月 4 日陨落。

卫星的任务

"斯普特尼克 1 号"卫星在太空中，主要进行 200~500 千米高度的大气密度、电离层电子密度、温度、压力、磁场、紫外线和 X 射线等数据的测量。

人造卫星的历史

人造卫星的历史，可以说是人类探索宇宙的历史，也是各国争夺地球领导权的历史。苏联是最先探索人造卫星的国家，但迫使全球参与太空竞赛的则是美国。

◀ 明朝万户飞天的试验虽然失败了，但他成为世界上尝试"火箭载人"飞行的先驱

梦想与理论

人类一直有畅游太空的梦想。古代中国、古埃及以及印第安人都有关于登上太空梦想的记载。19世纪末，科学家康斯坦丁·齐奥尔科夫斯基提出了借助火箭实现在太空中飞行的可能性。

同时开始研制

苏联和美国研制人造卫星的想法由来已久，在第二次世界大战中从德国带走的人才和技术为两国卫星研制工程的发展奠定了基础。两国同时提出了发射人造卫星的计划。

▲ 康斯坦丁·齐奥尔科夫斯基

▲ "斯普特尼克1号"卫星

苏联最先发射

1957年10月4日，苏联第一颗人造卫星——"斯普特尼克1号"发射成功。同年11月3日，苏联又发射了第二颗人造卫星。

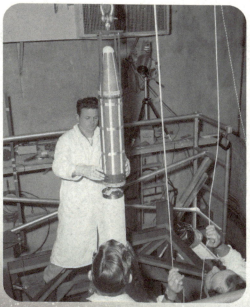

▲ 美国喷气推进实验室卫星专家将"探险者1号"卫星装入火箭

美国紧跟步伐

1957年12月6日，美国计划发射"先锋号"科学卫星，但因为火箭爆炸，发射失败。1958年1月31日，美国"探险者1号"终于成功发射，它标志着美国进入航天时代。

卫星的贡献

"探险者1号"卫星由美国自行研制，主要任务是探测地球的大气层和电离层，测量地球的高空磁场等。"探险者1号"于1958年5月23日终止工作，1970年3月31日进入大气层烧毁。通过卫星，美国物理学教授詹姆斯·范·艾伦发现地球被一个高能粒子环状辐射带围绕。后来，这片辐射带就被命名为"范艾伦辐射带"。这是太空时代的首个重大发现。

▲ 詹姆斯·范·艾伦

"探险者1号"

发射时间：1958年1月31日
运载火箭："丘诺1号"运载火箭
轨道高度：近地点高度354千米/远地点高度2515千米
发射国家：美国

早期的人造卫星

　　美国和苏联的太空竞赛推动了航天技术的发展，也加快了其他国家探索宇宙的步伐。20 世纪 60 至 70 年代，许多国家都开始发射自己的人造卫星。

▼ "A-1 号" 卫星

法国发射 "A-1 号"

　　1965 年 11 月 26 日，法国成功发射了 "A-1 号" 人造卫星，成为世界上第三个自主研发并发射卫星的国家。

> **"A-1 号"**
> 发射时间：1965 年 11 月 26 日
> 运载火箭："钻石 A 号" 三级火箭
> 发射国家：法国

日本发射 "大隅号"

　　1970 年 2 月 11 日，日本成功发射了 "大隅号" 卫星，开启了太空试验计划。日本也成为亚洲第一个发射人造卫星的国家。

> **"大隅号"**
> 发射时间：1970 年 2 月 11 日
> 运载火箭："兰达-45" 四级固体火箭
> 发射国家：日本

▲ "大隅号" 卫星

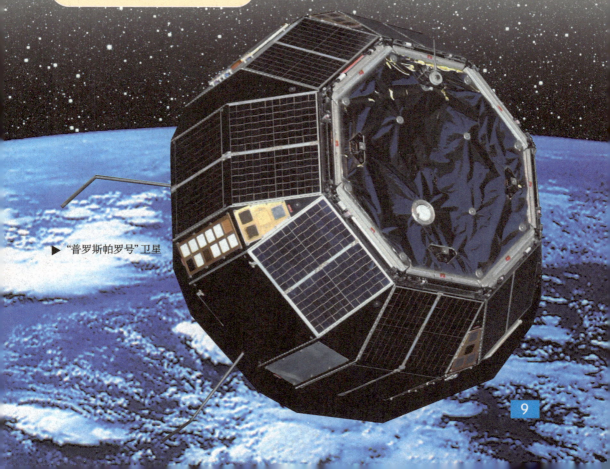

中国发射"东方红一号"

　　1970 年 4 月 24 日，中国第一颗人造卫星——"东方红一号"发射成功，中国从此加入了自行研制人造卫星的国家行列。

"东方红一号"
发射时间：1970 年 4 月 24 日
运载火箭："长征一号"运载火箭
发射国家：中国

▲ "东方红一号"卫星

英国发射"普罗斯帕罗号"

　　1971 年 10 月 28 日，英国第一颗人造卫星——"普罗斯帕罗号"发射成功，英国开始试验各种空间技术。

"普罗斯帕罗号"
发射时间：1971 年 10 月 28 日
运载火箭：黑箭式运载火箭
发射国家：英国

▶ "普罗斯帕罗号"卫星

人造卫星的分类

人造卫星家族的成员非常多,按照不同的标准,分类也各不相同。人造卫星一般可以按照应用、功能、用途、运行轨道、轨道高度、卫星重量、飞行方式等来进行分类。

▲ 地球资源卫星

按应用分类

人类研发人造卫星,主要是为了探索宇宙空间,因此按应用方式,可将人造卫星分为科学卫星、技术试验卫星、应用卫星。

▼ 人造地球卫星始终环绕地球飞行

按功能分类

按航天器在轨道上的功能来分类,人造卫星可分为观测站、中继站、基准站和轨道武器四大类。这四类分别包含侦察卫星、通信卫星、导航卫星、拦截卫星等。

按用途分类

按用途划分,人造卫星可分为为科学研究服务的、为生产生活服务的和为军事建设服务的,分别包括科学卫星、气象卫星、侦察卫星等。

按卫星的重量分类

微卫星：重量在 50 千克左右，由简短的重复单元组成。

迷你卫星：重量在 150 千克左右，最先由美国的亚利桑那州立大学研制。

小型卫星：重量小于 1000 千克，中国第一颗小型卫星是"试验卫星一号"。

中型卫星：重量小于 3000 千克，世界上的许多通信卫星都是中型卫星。

大型卫星：重量大于 3000 千克，中国的首颗 X 射线空间天文卫星就是大型卫星。

▲ 美国的冰、云和陆地高程卫星是全球首颗对地观测激光测高卫星，重约 155 千克，是一颗迷你卫星

▲ 气象卫星

其他分类

人造卫星按重量可分为微卫星、迷你卫星、小型卫星、中型卫星、大型卫星；按是否返回地球，可分为返回式卫星和非返回式卫星。

▶ 美国的"快速散射计"卫星是一颗对地观测卫星，主要用来全天候连续准确地测量、记录全球海洋风速和风向数据

返回式卫星和非返回式卫星对比

研制时间：返回式卫星需要解决卫星的返回技术，因此研制的时间比非返回式卫星晚。早期的人造卫星都是非返回式卫星，如苏联的"斯普特尼克 1 号"卫星。

卫星用途：返回式卫星主要用于地球观测、空间试验等，也为载人航天奠定了基础；非返回式卫星主要用于气象观测、广播通信、导航等领域。

拥有国家：各国研制的卫星主要是非返回式卫星，目前完整掌握卫星返回技术的国家有美国、俄罗斯和中国。

人造卫星的组成

人造卫星虽然有多种分类、多种用途,但它们的基本构造相似。一般来说,人造卫星都有包括公用的卫星平台、专用的有效载荷等在内的各种系统。

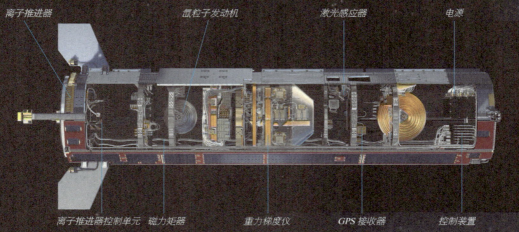

离子推进器　　　　　氙粒子发动机　　　　激光感应器　　　　电源

离子推进器控制单元　磁力矩器　　　　　重力梯度仪　　　GPS 接收器　　　控制装置

▲ 地球重力场和海洋环流探测卫星是欧洲航天局近年来发射的先进探测卫星,重约 1 吨,装有一套灵敏度极高的探测设备;获得的数据有助于人类深入了解地球内部结构,对研究海洋和气候变化有所帮助

控制系统

并不是所有卫星一进入轨道就能够按照规定的姿势运行,所以需要一套控制系统,来调整卫星的姿势,保证卫星的运行误差在可控制的范围内。

推进系统

卫星上的推进系统,可以说相当于汽车的发动机。它推动卫星进入固定轨道,并且为卫星提供燃料,让它能够持续在轨道上运行。

离子推进器

▲ 安装在人造卫星上的离子推进器可以调节或维持卫星轨道运行

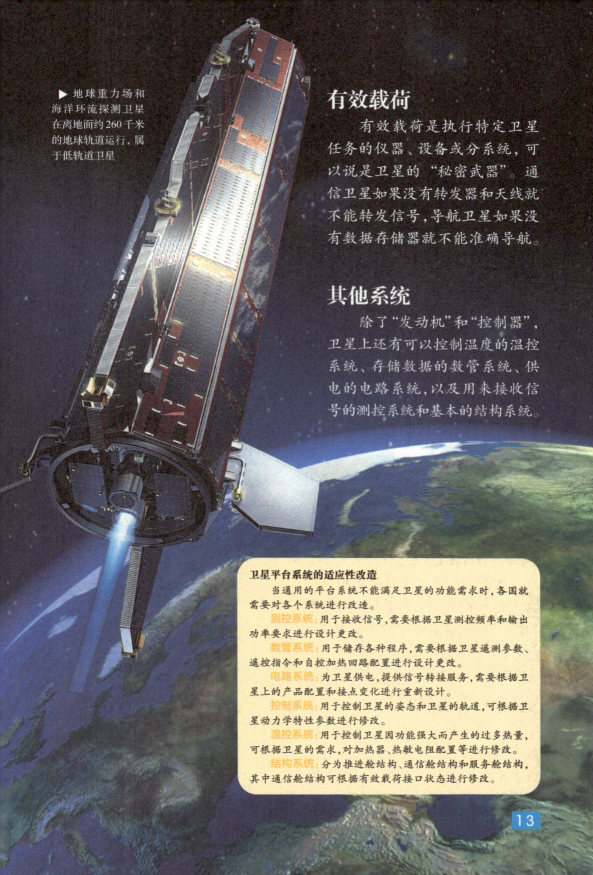

▶ 地球重力场和海洋环流探测卫星在离地面约260千米的地球轨道运行，属于低轨道卫星

有效载荷

有效载荷是执行特定卫星任务的仪器、设备或分系统，可以说是卫星的"秘密武器"。通信卫星如果没有转发器和天线就不能转发信号，导航卫星如果没有数据存储器就不能准确导航。

其他系统

除了"发动机"和"控制器"，卫星上还有可以控制温度的温控系统、存储数据的数管系统、供电的电路系统，以及用来接收信号的测控系统和基本的结构系统。

卫星平台系统的适应性改造

当通用的平台系统不能满足卫星的功能需求时，各国就需要对各个系统进行改造。

测控系统：用于接收信号，需要根据卫星测控频率和输出功率要求进行设计更改。

数管系统：用于储存各种程序，需要根据卫星遥测参数、遥控指令和自控加热回路配置进行设计更改。

电路系统：为卫星供电，提供信号转接服务，需要根据卫星上的产品配置和接点变化进行重新设计。

控制系统：用于控制卫星的姿态和卫星的轨道，可根据卫星动力学特性参数进行修改。

温控系统：用于控制卫星因功能强大而产生的过多热量，可根据卫星的需求，对加热器、热敏电阻配置等进行修改。

结构系统：分为推进舱结构、通信舱结构和服务舱结构，其中通信舱结构可根据有效载荷接口状态进行修改。

卫星工程系统

▼ 发射运载火箭

人造卫星从发射升空、顺利运行、执行任务到返回地球，有一套严密的工作流程。这套流程的运行，除了依靠卫星系统本身，还需要完整的卫星工程系统。

卫星回收系统

返回式卫星具有用于软着陆的回收系统，这种系统能使卫星脱离原来的轨道进入地球大气层后减速并安全着陆。

发射场系统

发射场系统主要负责装载卫星的火箭和有效载荷等装备在发射场的测试和发射，并为顺利发射提供保障。

运载火箭系统

运载火箭是由多级火箭组成的航天运载工具，承载着将人造卫星送上太空的责任。任务完成后，运载火箭一般会被抛弃。

▲ 卫星测控系统承担航天器的监控任务

卫星测控系统

　　卫星进入太空后，地面须对卫星进行跟踪测量和控制。卫星测控系统涉及天文、天体力学、空间控制技术、电子信息、数值计算等多个尖端学科，反映了一个国家的综合科技实力。

卫星回收系统的组成

气动力减速分系统：一般使用二级降落伞作为减速装置。

着陆缓冲分系统：常用的缓冲装置有缓冲火箭、缓冲气囊和其他缓冲结构。

标位分系统：通过光、声、电波等多种途径帮助地勤人员及时标定返回舱的落点位置。

控制－作动分系统：由电源、控制元件、作动元件通过电路连接而成，控制和执行各项回收动作。

应急回收程序：用于应对回收中遇到的突发情况。

▶ 返回式卫星在降落伞的帮助下软着陆于海面

卫星应用系统

　　卫星成功执行任务，需要依托连通卫星和地面的应用系统，如数据接收站、系统运行控制中心、资料处理中心和中小规模利用站等。

◀ 地面控制中心的雷达用来接收人造卫星发出的无线电信号

发射人造卫星

人造卫星一般在火箭发射场由运载火箭发射到太空。人造卫星的发射需要具备很多条件,包括完备的运载火箭、适合的发射场所等。因此,到目前为止,全球只有少数国家具备独立发射人造卫星的能力。

完备的运载火箭

搭载人造卫星的运载火箭一般为 2~4 级,每一级都包括箭体结构、推进系统和飞行控制系统,级与级之间通过级间段连接,外套有整流罩。

▲ 1.运载火箭发射升空

▲ 2.运载火箭保持垂直飞行

▶ 3.运载火箭进行自动方位瞄准,以保证火箭按规定的方位飞行

适合的发射场所

火箭发射场作为航天工程的重要组成部分,承载着火箭装配、测试、发射、跟踪、处理、监控等功能,对区域和设备的选择有着很高的要求。

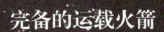

▶ 4. 第一级火箭发动机关机分离

轨道卫星发射步骤

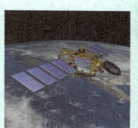

点火发射：装有人造卫星的运载火箭在发射台上，根据倒计时程序进入预备阶段。听到"发射"指令后，第一级火箭点火升空。

加速飞行：运载火箭升空后十几秒内一直保持垂直飞行，然后转入零攻角飞行段。达到入轨速度后，第一级火箭分离，第二级火箭继续点火飞行。飞出大气层后，抛掉整流罩。之后，第二级火箭分离。

惯性飞行：在地球引力的作用下，火箭按惯性飞行，直到到达与预定轨道相切的位置。第三级火箭发动机开始点火，进入最后的加速。

卫星入轨：加速到预定速度时，火箭发动机关机，卫星从火箭运载器弹出，进入运行轨道。

▶ 8. 卫星成功进入预定运行轨道

精确的发射时间

人造卫星的发射时间是一个时间范围，也称为"发射窗口"。由于受到天气状况、地球自转和公转等的影响，对发射窗口的时间要精确预算。

▲ 7. 第三级火箭发动机关机，卫星从火箭运载器弹出

◀ 6. 第二级火箭发动机关机分离，第三级火箭发动机点火，继续加速飞行

严密的发射流程

人造卫星的发射有一套严密的流程，一般分为四个阶段：点火发射阶段、加速飞行阶段、惯性飞行阶段、卫星入轨阶段，直到卫星进入预定的运行轨道，发射才算成功。

◀ 5. 第二级火箭发动机点火，继续加速飞行

人造卫星在运行

　　人造卫星通过运载火箭被送上太空,在与运载火箭分离后,它又是靠什么维持在太空中运行呢? 为了不让人造卫星掉下来,人们需要让它达到宇宙速度。

抵抗地球引力

　　著名的物理学家牛顿曾经提出了"万有引力定律",他发现地球是有引力的,地球上所有的东西都受到引力的影响。因此,人造卫星要一直在太空中运行,就要抵抗地球的引力。

火箭速度要快

　　根据"万有引力定律",扔出去的东西最后一定会落到地面上,但扔的速度越大,东西扔得就越远。因此,运载卫星的火箭飞行速度一定要快,要达到宇宙速度。

◀ 以宇宙速度运行的运载火箭

飘浮在太空中

　　人造卫星进入太空后，就飘浮在太空中。由于受到地球引力的影响，人造卫星绕地球做匀速圆周运动。

人造卫星
散逸层
热层
中间层
平流层
对流层

◀ 大气层分层示意图

飞行高度会变

　　人造卫星在太空中的运行没有那么平稳，它的飞行高度会不断发生变化，因此，人造卫星的轨道高度一般都有一定的范围，包括靠近地球的高度和远离地球的高度。

▶ "月球1号"是人类发射的首个接近第二宇宙速度的太空探测器

宇宙速度

　　宇宙速度指的是物体从地球出发，进入宇宙需要达到的飞行速度，有绕地球运行的"第一宇宙速度"、离开地球的"第二宇宙速度"、离开太阳系的"第三宇宙速度"和离开银河系的"第四宇宙速度"。绕地球运行的卫星要达到第一宇宙速度，绕太阳运行的卫星要达到第二宇宙速度，一些火箭可以突破第三宇宙速度，目前还没有航天器突破第四宇宙速度。

▲ 世界各国的通信卫星挤在
有限的地球静止轨道上

各自的运行轨道

如今，有那么多人造卫星在太空中运行，为什么不会"打架"呢？这是因为它们有各自的运行轨道。人造卫星有多种运行轨道，可根据运行的中心、轨道的形状等方式来划分。

◀ 地球同步轨道

太阳同步轨道卫星

太阳同步轨道卫星，轨道的倾角必须大于90度，并且在地球两极附近通过，也称近极轨卫星。为了使轨道平面始终与太阳保持同步，太阳同步轨道卫星每天移动0.9856度。发射太阳同步轨道卫星，需要设计好轨道，并计算好发射时间，才能使卫星长期处于太阳光的照射下。太阳同步轨道卫星能观测到更多的太空景象，因此多用于气象卫星、资源卫星等。

按运行中心

人造卫星有绕地球运行的，也有绕太阳运行的，运行轨道可以分为地球同步轨道和太阳同步轨道。

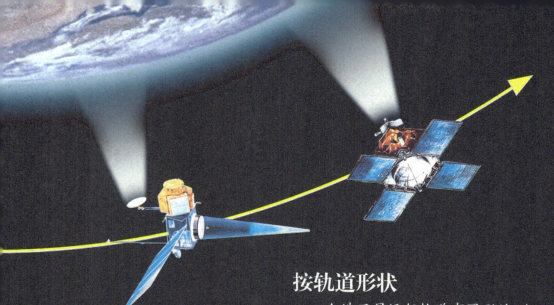

按轨道形状

　　人造卫星运行轨道有圆形的，也有椭圆形的。圆形轨道常用于气象卫星、侦察卫星等；椭圆形轨道为行星绕太阳运行的轨道，常用于科学探测卫星。

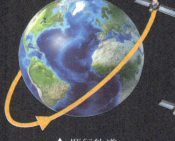

▲ 顺行轨道

按飞行方向

　　根据卫星飞行方向的不同，人造卫星的轨道有顺行轨道、逆行轨道、赤道轨道和极地轨道。

▲ 逆行轨道

▲ 赤道轨道

按轨道高度

　　根据离地面的高度，人造卫星的轨道可以分为低轨道、中轨道和高轨道。低轨道离地面 200~2000 千米，中轨道离地面 2000~20 000 千米，高轨道离地面 20 000 千米以上。

▲ 极地轨道

地球同步卫星

地球同步卫星，指的是在地球同步轨道上自西向东运行的人造卫星。它们每天在相同时刻出现在地球同一地点的上空，因此从地球上看过去，它们好像在天空中保持不动。

◀ 奥地利太空工程理论家、作家赫尔曼·波托奇尼克首次提出把自旋空间站放在地球静止轨道上用来观测地球的设想

同步轨道

地球同步卫星的运行轨道绕着地球，因此它们的运转周期与地球的自转周期相同，是 23 小时 56 分 4 秒，相当于我们的一天。

"辛康号"地球同步通信卫星

"辛康号"地球同步通信卫星是世界上最早的地球同步通信卫星。1963 年 2 月 14 日美国成功发射了"辛康 1 号"。卫星由收发装置、传感器、远地点发动机等设备组成，成功进行了同步轨道通信试验。1963 年 7 月 26 日，美国成功发射了"辛康 2 号"。1964 年 8 月 19 日，美国成功发射了"辛康 3 号"，并对东京夏季奥林匹克运动会进行了实况转播。

▶ "辛康 1 号"地球同步通信卫星

高度适宜

地球同步卫星的轨道基本保持在距离地面 35 786 千米的高空，最适合发射通信卫星，为远距离通话和远距离转播提供服务。

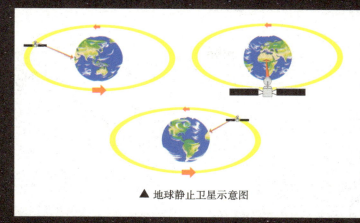

卫星分类

根据人造卫星的轨道与地球之间角度的不同，地球同步卫星可分为地球静止卫星、倾斜轨道同步卫星和极地轨道同步卫星。

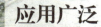

▲ 地球静止卫星示意图

应用广泛

地球静止卫星常用于通信卫星；极地轨道同步卫星因每一圈都可以经过任何纬度和南北两极的上空，覆盖全球，故常用于导航或科学研究。

运载火箭

运载火箭不仅用于搭载人造卫星，也用于搭载各类航天器。自 1957 年苏联成功利用运载火箭发射了第一颗人造卫星后，许多国家纷纷加入到运载火箭的研制行列中。

▲ 美国的"大力神 4 号"B 型火箭于 2005 年 10 月 19 日在范登堡空军基地进行最后一次发射

▼ 苏联的"卫星号"运载火箭升空

运载火箭的历史

运载火箭诞生于第二次世界大战后。1957 年，苏联研制了"卫星号"运载火箭，用于发射人造卫星。早期的运载火箭是由导弹改装而成的单级火箭，之后各国开始了多种型号火箭的研制。

世界著名运载火箭

许多国家已经研制出20多种大、中、小型运载火箭，如苏联的"东方号"系列，美国的"大力神"系列，日本的"H"系列，中国的"长征"系列。

▶ "长征三号 B"和"长征五号"火箭模型

运载火箭的种类

按照使用的推进剂不同，运载火箭可分为固体火箭、液体火箭和固液混合型火箭；按照级数的不同，运载火箭可分为单级火箭和多级火箭。

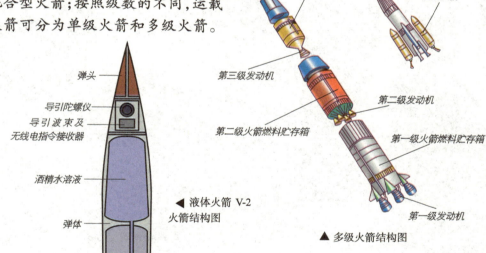

弹头
导引陀螺仪
导引波束及无线电指令接收器
酒精水溶液
弹体

◀ 液体火箭 V-2
火箭结构图

液态氧
高压氮气钢瓶
涡轮推进泵
酒精/氧气燃烧器盖
火箭燃烧室（外壳）
尾翼
燃气舵
过氧化氢
过氧化氢反应室
推力架
酒精输入管
空气舵

第三级火箭燃料贮存箱
指令舱
助推火箭
第三级发动机
第二级发动机
第二级火箭燃料贮存箱
第一级火箭燃料贮存箱
第一级发动机

▲ 多级火箭结构图

运载火箭的组成

运载火箭具有一套完备的系统，包括箭体、动力装置系统和控制系统三大主系统，还有遥测系统、外弹道测量系统、安全控制系统等辅助系统。

火箭发射场

　　火箭发射场，顾名思义，就是运载火箭发射的场所。火箭发射场一般由测试区、发射区、地面测控系统和保障系统组成，为运载火箭及人造卫星升空提供场地和技术保障。

▲ 航天飞机与火箭在测试区完成验收

拜科努尔航天中心

　　拜科努尔航天中心位于哈萨克斯坦西南部克孜勒奥尔达州的一片荒漠地区，被哈萨克斯坦租给俄罗斯。中心始建于1955年6月，主要进行人造卫星、宇宙飞船等航天器的发射。在半个多世纪里，中心共发射超过2500枚火箭，3000多个航天器，将130多位航天员送入太空。

▶ 拜科努尔航天中心

测试区

　　测试区配有各种技术设备，可以对运载火箭进行测试、验收和定期检查。发达国家通常将测试区和发射区合二为一，建造可移动的测试厂房，提高发射成功率。

发射区

　　发射区是运载火箭发射的地方，包含发射塔、勤务塔和脐带塔等为发射建造的设施。一个火箭发射场可以有多个发射区，每个发射区之间有一定的距离。

▼ 航天飞机与火箭正在运往发射区

▲ 加速飞行的航天飞机与火箭

地面测控系统

地面测控系统是对运载火箭进行实时跟踪，发送安全指令，接收外部信息的一整套地面设施。地面测控系统用来保护发射区的安全，有建在陆地上的，也有建在海上的。

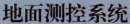
▼ 航天飞机与火箭点火发射

▲ 航天器地面测控系统

保障系统

除了各类专业系统，运载火箭升空也需要各种保障系统。技术保障系统提供技术准备和事后处理，后勤保障系统提供交通和物资，气象保障系统可测算发射时间。

▶ 美国肯尼迪航天中心

美国肯尼迪航天中心

美国肯尼迪航天中心位于美国东部佛罗里达州东海岸的梅里特岛，创立于1962年7月，主要进行航天器测试和发射。自1950年首次发射火箭以来，中心先后发射了"宇宙神"火箭、"大力神"火箭等多种火箭，以及航天飞机和空间探测器等航天器。

科学卫星

科学卫星就是科学家用于太空科学探测和研究，探索宇宙奥秘的一类卫星。美国率先进入这一领域，随后，中国、俄罗斯、日本等国相继发射科学卫星，进行科学研究。

运行方式

为了便于研究，科学卫星一般是低轨道卫星，距离地球 200~300 千米，运行速度约 8 千米/秒，绕地球一周约 1.5 小时。

▶ 太阳与太阳风观察卫星

研究领域

科学卫星主要研究高层大气、地球辐射带、地球磁层、宇宙射线、太阳辐射和极光，观测太阳和其他天体。

太阳与太阳风观察卫星

太阳与太阳风观察卫星于 1995 年 12 月 2 日从美国肯尼迪航天中心发射升空。卫星绕太阳一周需要 12 个月，实施太阳到地球大气层的磁场实验、电场实验。卫星凭借灵敏的探测仪，发现了大量太阳活动的信息，为人们研究太阳和地球之间的关系提供了依据。

▶ "雨燕"卫星是美国国家航空航天局于2004年发射的一颗专门用于观测伽马射线暴的天文卫星

卫星种类

　　根据研究领域的不同，科学卫星分为天文卫星、太空物理探测卫星等。另外，各国现在常将科学和技术试验功能赋予一颗卫星，如中国的"实践"系列科学探测与技术试验卫星。

▲ 科学家正在安装同位素成分高级探测卫星的太阳能电池板

同位素成分高级探测卫星

同位素成分高级探测卫星于1997年8月25日由美国约翰·霍普金斯大学与美国国家航空航天局喷气推进实验室合作发射升空。卫星轨道周期为1398小时，约58.25天；设计寿命至少到2024年。卫星凭借高分辨率敏感器和3个监测器，进行大气成分分析，研究行星和银河系的起源。

卫星系列

　　世界上第一颗科学卫星是美国发射的"探险者1号"，之后"探险者"成为一系列科学卫星的称号。中国的科学卫星有"实践"系列。

▶ 1958年，"探险者1号"卫星的研发者在美国国家航空航天局的新闻发布会上展示卫星的等比例模型

天文卫星

　　天文卫星其实是科学卫星的一种，主要用于观测宇宙天体和其他空间物质。由于没有大气层的阻挡，天文卫星能够观测到来自天体的各种波段，因此它也被称为"千里眼"。

▼ 作为天文卫星的一种，美国2003年发射的星系演化探测器主要用于观测年轻的恒星和辐射出强烈紫外线的星系

发射记录

　　世界上第一颗天文卫星是美国1960年发射的太阳辐射监测卫星。美国在20世纪60至70年代发射了3个系列的轨道观测台类型的天文卫星，之后又发射了红外天文卫星和空间望远镜。

"羚羊"卫星

发射国家：美国（美国制造并发射，由英国运营）
发射时间：1962年4月26日
卫星类型：X射线天文卫星
主要任务：研究电离层无线电噪声、低频无线电波，测量宇宙射线等

▲ "羚羊"卫星

所载设备

　　天文卫星需要具备精确的定向能力、观测能力和卫星姿态控制精度。因此，天文卫星上装有红外望远镜、紫外望远镜、X射线望远镜或可见光望远镜等复杂的科学观测仪器，以及电子计算机。

▶ 国际伽马射线天体物理实验室卫星是欧洲航天局研制的伽马射线天文卫星，它的主要工作内容是对宇宙硬X射线和软伽马射线进行成像观测

卫星种类

天文卫星按观测目标的不同划分为太阳观测卫星和非太阳观测卫星；按所载仪器主要观测波段的不同划分为红外天文卫星、紫外天文卫星、X射线天文卫星和伽马射线天文卫星。

"伦琴"卫星

发射国家： 美国（卫星由德国、美国、英国共同研制）
发射时间： 1990 年 6 月 1 日
卫星类型： X 射线天文卫星
主要任务： 观测超新星遗迹和星系团的形态，观测彗星的X射线辐射等

▲ "伦琴"卫星

▲ 2008 年发射成功的费米伽马射线太空望远镜是在地球低轨道运行的天文望远镜

各国卫星

自美国之后，各国陆续开展天文卫星的研制。日本有"天文-F"卫星，英国有"羚羊"卫星，德国、美国和英国共同研制有"伦琴"卫星，中国有"慧眼号"X射线天文卫星。

▶ 星际边界探测器是美国研制的天文卫星，它首次绘出了太阳系和星际空间的边界地图

太空望远镜

太空望远镜是天文卫星中数量较多的一类，是建在太空的天文台，被称为"太空之眼"。太空望远镜是天文学家的主要观测工具之一，能够帮助人们揭开宇宙的奥秘。

发展历程

太空望远镜的灵感源于 1609 年伽利略发明的人类历史上第一台天文望远镜。20 世纪，德国科学家首次提出用火箭把望远镜送入太空的设想。之后，美国的天文学家论证了这种设想的可行性，并将望远镜送入太空。

▲ 伽利略邀请教皇保罗五世和一些高级主教用望远镜观测星空

技术构造

太空望远镜一般由光学镜片系统、科学仪器和辅助系统组成。随着技术的发展，望远镜的体积更大，携带的观测仪器更先进，如3D打印太空望远镜将3D打印仪器带入太空。

开普勒太空望远镜

开普勒太空望远镜是以世界著名天文学家开普勒的名字命名的，于2009 年 3 月 7 日发射升空。

▲ 开普勒太空望远镜

康普顿太空望远镜
　　康普顿太空望远镜是以美国著名物理学家康普顿的名字命名的，于1991年4月5日发射升空，于2000年6月4日坠落。

▲ 康普顿太空望远镜

各国探索

　　世界上第一架太空望远镜是由美国研制的哈勃太空望远镜。继美国之后，中国、加拿大、日本、韩国都开始了太空望远镜的研制。

哈勃太空望远镜
　　哈勃太空望远镜是以美国天文学家哈勃的名字命名的，于1990年4月24日发射升空。

▲ 哈勃太空望远镜

著名太空望远镜

　　人类至今已经发射了10多架太空望远镜，其中著名的有哈勃太空望远镜、康普顿太空望远镜、钱德拉太空望远镜、开普勒太空望远镜等。

▼ 钱德拉太空望远镜

钱德拉太空望远镜
　　钱德拉太空望远镜是为纪念印度裔美国籍天文学家钱德拉而命名的，于1999年7月23日发射升空。

▲ 空间探测卫星是配备高灵
敏度能谱探测仪器的人造卫星

空间探测卫星

　　空间探测卫星主要用于空间物理环境的探测，又称为空间物理探测卫星。空间探测卫星能够定量获取空间环境数据，是空间物理学研究、空间技术发展的重要依据。

探测目的

　　宇宙空间的环境复杂，包含各种粒子、各类辐射、微流星体和空间碎片，会威胁航天器的安全和航天员的生命，并影响空间活动的开展。因此，科学家研发空间探测卫星来探测宇宙环境。

▼ 远紫外分光探测器是美国的紫外天文卫星，也是一颗空间探测卫星，主要用于研究宇宙大爆炸初期的氚合成等项目

▲ 拉马第高能太阳光谱成像探测器是美国于2002年发射的一颗太阳探测卫星，主要用于研究太阳耀斑中的粒子加速和能量释放过程

卫星分类

　　空间探测卫星按照工作原理可分为带电粒子探测卫星、等离子体探测卫星、中性大气探测卫星等；按照探测区域可分为太阳大气活动探测卫星、行星际探测卫星、磁层探测卫星等。

▼ 2006 年发射的日地关系天文台是美国国家航空航天局和约翰·霍普金斯大学联合研制的两颗太阳探测卫星,一颗在位于地球绕太阳公转轨道的前进方向上,另一颗则尾随地球,目的是在不同的角度对太阳进行立体观测,拍摄太阳的三维影像

探测工作

空间探测卫星主要用来监测空间环境扰动源、空间环境状态和变化、空间环境对人类活动的影响。监测工作需要连续进行,长期稳定开展。

发展趋势

随着人类在空间探索的深入,需要探测的空间区域也在不断扩大。未来,一颗探测卫星上会携带多种不同的探测仪器,应用卫星上也会配备探测仪器,甚至会实现多卫星联网探测。

技术试验卫星

　　技术试验卫星是进行新技术试验或为应用卫星进行试验的卫星。技术试验卫星往往寿命短暂，但为新技术的应用和应用卫星的成功发射提供了宝贵经验，可以称得上"太空敢死队"。

试验内容

　　技术试验卫星主要用于试验航天技术中的新原理、新技术、新方案、新仪器和新材料，包括重力梯度稳定试验、电火箭试验、生物对空间环境的适应性试验等。

◀ 这是日本于 1997 年发射的"技术试验卫星-7"，它最大的特点是有一条长约 2 米的机械臂，可以操控多项太空试验

试验案例

　　从 1966 年 12 月到 1974 年 5 月，美国发射了 6 颗多用途技术试验卫星，对话音通信、全球云层分布图传输、卫星导航、卫星天线等技术进行了试验，为各应用卫星的研制做准备。

LICIACube 立方体卫星

著名卫星

在技术试验卫星发展历史上，著名的技术试验卫星有 1985 年由"东方号"飞船改装成的"垫脚石"试验卫星，进行飞船和空间站对接的空间对接试验卫星，进行试验信息传输的激光通信试验卫星，进行空间生物试验的生物试验卫星等。

DART 探测器

▲ DART 探测器可撞击小行星改变它的运行轨道；在撞击前 10 天，它还会释放 LICIACube 立方体卫星，用卫星上的设备拍摄撞击场景和陨石坑的照片

发展趋势

随着空间技术的发展，科学家今后可能直接在一些应用卫星上进行新技术试验，专门的技术试验卫星数量会有所减少。

"垫脚石"试验卫星

"垫脚石"试验卫星实际上是一艘无人飞船，它携带一块来自苏格兰某湖泊底部的古老岩石和一块来自澳大利亚的生物体微化石，进行太空试验。研究人员发现，在 1700℃ 以上的高温下，岩石的大部分已经熔化。通过探测两块岩石中的生命痕迹，研究人员推测地球生命可能来自外星球。

生物试验卫星

生物试验卫星是专门用于在太空进行生命科学试验的人造卫星，相当于太空中的生物实验室。在人类进入太空之前，科学家用动物或植物进行太空生存试验，为人类的太空之旅做准备。

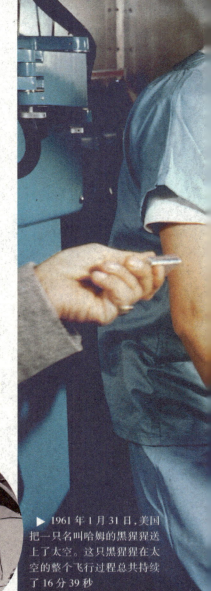

▶ 1961 年 1 月 31 日，美国把一只名叫哈姆的黑猩猩送上了太空。这只黑猩猩在太空的整个飞行过程总共持续了 16 分 39 秒

试验历程

苏联是第一个发射生物试验卫星的国家，之后美国也进行过生物试验卫星计划，但 1975 年后，主要依靠苏联的"宇宙-1544"生物卫星完成试验。中国是第三个发射生物试验卫星的国家。

▲ 首只猕猴航天员——山姆

▶ 小狗莱卡

世界上第一颗生物试验卫星

1957 年 11 月 3 日，苏联发射了世界上第二颗人造地球卫星，同时也是第一颗生物试验卫星。卫星上载着一只名叫"莱卡"的小狗，为了保证莱卡能够在太空中生存，科学家们为它设计了一整套生命保障系统。但由于技术条件的限制，这颗卫星无法返回地球，而莱卡也因太空舱内温度过高仅存活了几个小时。

卫星结构

生物试验卫星由服务舱和返回舱构成。返回舱是卫星的主体，装载试验生物、记录仪器、制动火箭和回收系统；服务舱是卫星与运载火箭的接合部分，装有卫星的保障系统和设备。

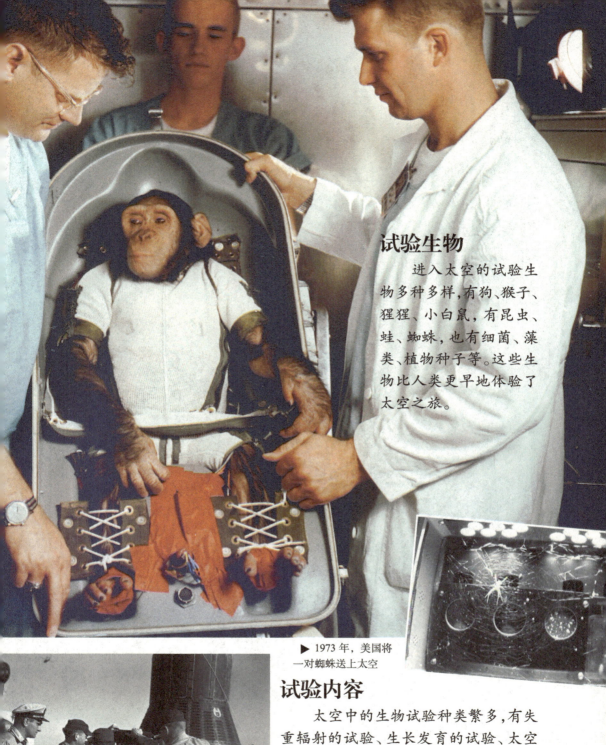

试验生物

进入太空的试验生物多种多样，有狗、猴子、猩猩、小白鼠，有昆虫、蛙、蜘蛛，也有细菌、藻类、植物种子等。这些生物比人类更早地体验了太空之旅。

▶ 1973 年，美国将一对蜘蛛送上太空

试验内容

太空中的生物试验种类繁多，有失重辐射的试验、生长发育的试验、太空育种的试验、代谢繁殖的试验，等等。

◀ 黑猩猩哈姆在这次飞行中幸存了下来，被航天员送回宇航局，最后被送到美国华盛顿国家动物园颐养天年

通信卫星

　　通信卫星是应用卫星的一种，是信息在空间中流通的一种载体，相当于太空中的"邮局"。我们看到的电视节目、听到的广播节目以及手机通信，都是通过通信卫星来传输信号的。

发展历史

　　通信卫星是应用最早的卫星之一。1958 年12 月，美国发射世界上第一颗试验通信卫星。日本、苏联、中国紧跟其后，也开始了通信卫星的研制和发射。

通信方式

　　相比其他卫星，通信卫星具备通信需要的天线系统、转发器系统等，用于实现地面站—卫星、卫星—卫星、地面站—卫星—地面站三种方式的通信。

◀加拿大和美国联合研制的通信技术卫星

通信卫星的"护身符"

　　通信卫星传输人类需要的信息，但想要识别并保护这些信息，就需要一套专用的编码和解码方式。因此，密码学起到了突出作用，可以说成为通信卫星的"护身符"。密码学是一门综合性学科，与语言学、数学等多种学科有关，因此各个国家集中各领域优秀的人才，对通信卫星的传输进行编码，也破译别国的卫星信号。

卫星种类

通信卫星可应用于军事，也可应用于民生，根据不同的标准，可分为不同的类型。按通信业务种类不同可分为固定通信卫星、移动通信卫星、跟踪与数据中继卫星等；按用途不同可分为专业通信卫星和多用途通信卫星。

◀ 第三代跟踪与数据传输卫星
（美国发射的通信卫星）

▲ 世界第一颗跟踪与数据中继卫星（TDRS-1）

中继卫星

中继卫星是通信卫星的一种，可以为航天器提供数据中继和测控服务。1983 年，美国发射了世界上第一颗跟踪与数据中继卫星，开创了测控的新时代。中继卫星覆盖率高、实时性好、效费比高，广泛用于卫星跟踪、数据遥感、军事侦察等领域。

未来趋势

通信卫星已遍布卫星轨道，未来的卫星会朝着新频段拓展、信息技术更新、卫星寿命延长、天线指向精确等方向发展。

广播电视卫星

广播电视卫星是通信卫星的一种，主要通过信号传输转播广播电视节目。目前，全球已有超过 165 颗广播电视卫星。我们看到的卫星电视节目，就是通过广播电视卫星转播的。

发展历史

早在 20 世纪 30 年代，美国和欧洲的许多国家就已经有无线电广播了。20 世纪 50 至 60 年代，美国进行了多种尝试，成功发射了"电星一号"卫星，使横跨大西洋的电视传输成为现实。

工作原理

广播电视卫星是设立在太空的广播电视发射台，把接收到的原始发射信号进行转换，再发射给地面的天线等信号接收装置。电视机等设备再把信号转发出来，就成了我们看到的节目。

▲ 美国第一颗民用通信卫星"电星一号"于 1962 年 7 月 10 日发射成功。虽然只运行了 6 个月，但"电星一号"首次实现了跨大西洋的电视转播，并做了照片传播和电视通信的试验，拉开了卫星通信时代的序幕

卫星种类

根据传播信号和传播技术的不同,广播电视卫星可分为广播卫星、直播卫星、高清电视卫星和立体电视卫星等。

各国卫星

自美国之后,世界上许多国家都发射了广播电视卫星。苏联发射了"闪电号"卫星,日本发射了"BS-3N"卫星,中国发射了"鑫诺二号"卫星。随着技术的发展,广播电视卫星将覆盖更多的国家。

"闪电号"卫星

"闪电号"卫星是由苏联研制的通信卫星,主要用于广播电视节目的转播、电话通信、电报传真等,也用于军事通信。苏联从20世纪60年代开始研制并发射"闪电号"卫星,一共研制了三代,共发射175颗,目前还有2颗在轨,用于俄罗斯的通信和电视分发及多媒体业务。

▶ "闪电号"卫星

宽带多媒体卫星

宽带多媒体卫星也称宽带卫星，是融合了卫星技术、宽带技术、互联网技术和多媒体技术的通信卫星，俗称"卫星上网"。它的出现对互联网的飞速发展有深刻影响。

发展历程

20世纪90年代，互联网时代到来。自1994年，美国休斯网络首先开发出了能与个人计算机互联的卫星发送服务接收系统后，卫星技术开始新一轮的革新。

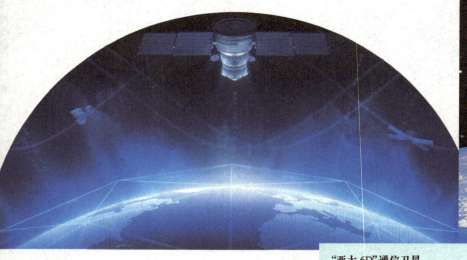

技术要求

宽带多媒体卫星需要采用Ka频段的频率源，通过同步轨道卫星、非静止轨道卫星或两者的混合卫星群系统提供多媒体交互式业务和广播业务。

"亚太6D"通信卫星

2020年7月9日20时11分，"亚太6D"通信卫星在中国西昌卫星发射中心发射升空，由"长征三号乙"运载火箭送入轨道。"亚太6D"通信卫星是我国Ku频段全球高通量宽带卫星通信系统的首发星，总带宽容量是目前在轨最强通信卫星"实践十三号"的2.5倍，宽带服务将覆盖整个亚太地区。"亚太6D"通信卫星的成功发射，将为后续宽带卫星的研制打下基础。

各国卫星

欧美国家在 Ka 频段卫星通信技术上已做了多种尝试，日本更是研发出了超高速互联网卫星。中国已发射覆盖亚洲的"亚太 6D"通信卫星，希望在未来实现宽带卫星系统的全球覆盖。

◀ 宽带全球卫星通信系统 (WGS) 是美军现役的国防通信卫星系统向先进宽带系统过渡的桥梁

未来趋势

全球性宽带通信势不可挡，卫星通信将覆盖海洋、海岛、南北极、高原、沙漠。在这些无法用光缆和地面无线手段提供互联网、物联网服务的区域，卫星通信将成为建设通信系统的主流。

移动通信卫星

移动通信卫星是为可移动用户提供通信服务的卫星，通常用于车辆、飞机、船舶的通信。由于覆盖区域广，不受地理障碍约束，移动通信卫星目前更多地用于手机通信，也被称为"手机卫星"。

发展历程

随着国际通信卫星的发展，1979年，国际移动卫星组织成立。1982年，该组织开始利用卫星通信系统提供商业服务。于是，世界多国开始尝试研发移动通信卫星。

卫星系统

移动通信卫星根据运行的轨道，可以分为静止轨道卫星移动通信系统、中轨道卫星移动通信系统、低轨道卫星移动通信系统。

著名卫星

目前，国际上著名的移动通信卫星有覆盖全球的"国际移动卫星"系统，覆盖区域的"亚洲蜂窝卫星"系统和可用于个人手机的"全球星"系统等。

未来趋势

第五代"国际移动卫星"星座已经建成，为全球提供高速移动宽带业务。而随着第五代移动通信（5G）的使用，卫星通信与地面5G相融合的"星地网络"将成为趋势。

"国际移动卫星"星座

"国际移动卫星"星座是高轨道卫星群，目前已经发展到第五代。第一代采用全球波束，容量较小；第二代开始采用区域波束，并通过频率复用技术增加容量；第三代能形成上百个点波束，载荷采用数字化技术；第四代采用辅助地面组件，提供卫星—地面移动通信系统及4G服务；第五代提供宽带移动通信业务，真正促成了全球移动宽带，使"因特网无处不在"。

地球观测卫星

地球观测卫星好像太空中的"瞭望哨",利用星载遥感器观察地球上的情况,探测地球资源,使人类通过观测能合理利用地球资源,有效保护环境。

发展历程

1960 年 4 月 1 日,世界上第一颗气象卫星——"泰罗斯 1 号"在美国升空,揭开了利用卫星"遥感地球"的序幕。中国、法国、印度等国紧随其后,开发了多个地球观测卫星系统。

▲ 2002 年,欧洲航天局发射了地球环境监测卫星"恩维萨特";这颗卫星装备精密的仪器,可记录地球表层地貌的变化

▲ "泰罗斯 1 号"卫星外型像个大圆盘

卫星种类

地球观测卫星能观测气象、农林、地质、水利等方面的数据,因此可分为气象卫星、地球资源卫星、海洋卫星、测地卫星等。

▼ 地球观测卫星拍摄到的乍得湖面积逐渐缩小的照片

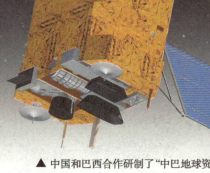

▲ 中国和巴西合作研制了"中巴地球资源卫星一号"，填补了两国在地球观测卫星领域的空白

各国发展

　　美国建立了地球观测系统，遥感卫星技术居于世界领先地位。欧洲各国采用合作的方式，进行卫星研制。中国则在接收各国卫星数据的同时，自主研发系列地球观测卫星。

所需技术

　　地球观测卫星需要利用遥感仪器及其他探测仪器收集来自陆地、海洋、大气的各种频段的电磁波和图像，这必须借助遥感技术。

▲ "Aqua卫星"由美国、日本和巴西联合研制，用以监测海流、云层和水对环境的影响

美国的地球观测系统

　　美国的地球观测系统始于1980年，于1991年建成，由多颗观测卫星组成，采用多种观测仪器，对地球进行多学科综合研究。地球观测系统的卫星包含"Terra卫星""Aqua卫星"和"Aura卫星"，分别监测地球上植被的变化、水的变化和全球大气的变化。

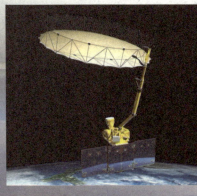

▲ 旱涝灾害预测卫星（SMAP）是美国国家航空航天局研制的地球环境观测卫星，主要用于测量土壤湿度

气象卫星

▶ 在气象卫星家族中，热带降雨测量任务卫星专门测量热带、亚热带的降雨量

气象卫星也被称为"太空中的气象站"，它利用各种气象遥感器为地面站发送气象情报。由于时效快、准确率高，且不受条件限制，气象卫星被广泛应用于天气预报、环境监测和各种研究领域。

发展历程

气象卫星的发展经历了试验和应用两个阶段。从1958年开始，美国、苏联、日本及欧洲国家就开始了发射气象卫星的试验。1960年，第一颗应用气象卫星成功升空。

◀ 世界上第一颗应用气象卫星 "泰罗斯1号" 于1960年4月发射，卫星上装有电视摄像机和照片传输装置，可以拍摄大气云图，并将其传回地球

运行轨道

气象卫星的运行轨道，有太阳同步轨道和地球同步轨道两种。如果需要监测全球的气象，就需要两种轨道的卫星同时运行。

国防气象卫星（DMSP）

美国的国防气象卫星是世界上唯一的军事专用气象卫星。该卫星从20世纪60年代开始研发，有12个系列，共53颗，可以描绘全球数字气象图像。

观测内容

　　气象卫星要观测的内容，除了天气预报中提到的云层、温度、降水、辐射、洋流等，还包括大气中臭氧的含量和分布、太阳发射的质子等，为人们研究气候变迁提供了资料。

▲ "Metop-A" 卫星是欧洲首颗极轨气象卫星，它与之后的 "Metop-B" 卫星、"Metop-C" 卫星共同构成极地监测系统

气卫星

▼ "云-气" 卫星包括 "云卫星" 和 "气卫星"，由美国和法国共同研制，主要用于研究全球云层的分布和演化，为全球气候变暖提供依据

云卫星

世界气象组织（WMO）

　　世界气象组织是联合国的专门机构之一，是联合国有关气象、水文和地球物理科学的权威机构。世界气象组织成立于 1950 年，发布了《世界气象组织公约》，希望便于全世界建立合作网络，开展气象、水文和其他地球物理观测。该组织设执行理事会，中国一直是该理事会的成员，积极参与世界气象组织的建设和发展。

▲ 世界气象组织总部

各国发展

　　美国是目前发射气象卫星最多的国家，除自主研发外，还与日本和欧洲诸国合作。中国经过数十年的发展，自主研发的 "风云" 系列气象卫星，已获得世界气象组织的认可。

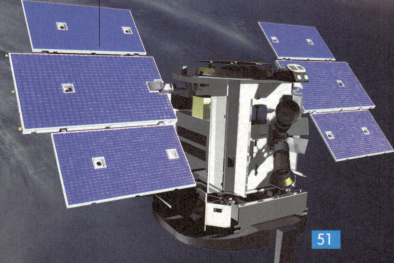

资源卫星

地球资源卫星简称资源卫星，是勘察和研究地球资源的人造卫星。它能运用综合性的尖端技术探测到人类看不到的陆地和海洋资源，为人类认识地球提供便利。

▲ 来自"陆地卫星 8 号"的影像

发展历程

美国于 1972 年发射了世界上第一颗陆地资源卫星，又于 1978 年发射了海洋资源卫星。之后，法国、印度、日本等国也纷纷研制资源卫星，用于地球资源开发利用。

卫星种类

资源卫星按照勘测区域，可以分为陆地资源卫星和海洋资源卫星；按照功能，可以分为成像卫星、地震观测卫星、雷达图像卫星等。

工作原理

　　资源卫星利用携带的传感器，像照相机一样，拍下陆地或海洋的照片，再把照片传给地面。由于采用太阳同步轨道运行，资源卫星既可以进行全球观测，也可以对某一个地点进行定时观测。

"陆地卫星 1 号"

　　1972 年 7 月 23 日，"陆地卫星 1 号"在美国发射升空。它是美国国家航空航天局的一项长期遥感卫星计划——陆地卫星计划的第一个成员，主要用于探测地表资源、监视森林火灾等方面。

▶ "陆地卫星 1 号"

▼ "陆地卫星 8 号"改进了技术，每隔 16 天就能执行一次拍摄任务，并能不断更新监测数据，使新数据能在科学研究中得到广泛利用

卫星应用

　　资源卫星可以预报森林火灾、管理水利资料、测绘地图，也可以监测农作物的长势，还可以帮助动物学家观察野生动物的习性，具有非常广泛的用途。

53

海洋卫星

海洋卫星属于资源卫星的一种,用于海洋研究、海洋环境调查和海洋资源的开发利用,对提高气象水文报道的准确性和监测海洋污染具有重要意义。

▼ "宝瓶座"海洋卫星是由美国国家航空航天局和阿根廷宇航局联合研制的,卫星于 2011 年 6 月 10 日成功发射升空,运行在太阳同步轨道上

发展历程

自美国 1978 年发射了第一颗海洋卫星 "Seasat-A" 以来,苏联、日本、法国和欧洲国家相继发射了一系列大型海洋卫星。进入 21 世纪后,中国也加入了发射海洋卫星国家的行列。

◄ 海洋卫星 "Seasat-A" 每天可绕地球 14 圈, 36 小时内可将地球 95% 的海面扫视一遍

卫星种类

海洋卫星按照用途的不同,可分为用于海洋光学遥感的海洋水色卫星,用于海洋环境监测的海洋动力环境卫星,用于海洋现象观测的海洋综合探测卫星。

▲ "哨兵 6 号" 卫星于 2020 年 11 月发射,用于监测全球海平面,并提供大气数据,以支持天气预报

装载设备

　　海洋卫星装载的设备根据卫星用途的不同而不同,但基本包含水色遥感器、电视摄像机、雷达、无线电侦测机、红外探测器、高灵敏度红外相机等。

▼ 2022 年 12 月 16 日,地表水和海洋地形(SWOT)卫星在太空中展开。它通过高精度、高空间分辨率的海洋表面高和陆地水高,监测海洋变化和陆地水文变化

各国卫星

　　美国有多颗海洋卫星,包括著名的"白云"卫星、"宝瓶座"卫星,以及与欧洲国家合作的"杰森"卫星等;欧洲有"鹦鹉螺"环境卫星、"克里赛特"科研卫星;中国有"海洋"系列卫星。

"杰森"海洋卫星

　　"杰森"海洋卫星是由法国空间研究中心和美国国家航空航天局联合研制的,主要用于海洋地形和海洋平面的观测。

▲ "杰森"海洋卫星

测地卫星

测地卫星是专门用于大地测量的人造卫星。它是太空中的测绘员，飞行在 1000~6000 千米的高空，能精确绘制地图和海图。美国、俄罗斯等国家都致力于测地卫星的研制。

▲ 美国发射的大地测量卫星主要用于军事、大地测量学和海洋学方面的研究

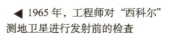

◀ 1965 年，工程师对"西科尔"测地卫星进行发射前的检查

发展历程

　　1962 年，美国发射了世界上第一颗测地卫星"安娜号"，苏联、法国等国紧跟其后。随着测地卫星研制技术的更新和应用范围的拓宽，大地测量学也取得了巨大的进展。

卫星应用

　　测地卫星能精确测量地理坐标，可用于地图绘制；能测出地壳漂移的情况，可用于地震预报；能测出攻击目标的精确位置，可用于军事；能测出地球重力场的分布，可用于科学研究。

技术特点

测地卫星外形多为球形，以降低对姿态控制的要求；轨道有多种倾斜角度，便于感知全球引力场异常；制造材料特殊，以便能反射阳光；专用系统配多种观测仪器，满足几何法和动力法两种测量方法。

激光地球动力学卫星

发射国家：美国

发射时间："激光地球动力学1号"卫星（Lageos-1），1976年5月4日；"激光地球动力学2号"卫星（Lageos-2），1992年10月22日

激光地球动力学卫星共有两颗，是由法国、德国、英国、意大利、西班牙和美国等国的大学及科学家合作研制的。

▶ "激光地球动力学1号"卫星

◀ 重力回溯及气候实验卫星（GRACE）包含两颗完全相同的卫星，它们相距220千米，主要用于地球重力场的探测

卫星现状

目前，在轨的测地卫星有由美国和欧洲多国大学及科学家合作研制的激光地球动力学卫星、俄罗斯的"谷科"地球重力卫星和印度的"测绘-2B"卫星等。

导航卫星

　　导航卫星是在太空中对地面、海洋进行导航定位的人造卫星，是太空中的"指南针"。导航卫星具备传统导航的各种特点，又不受天气限制，在军事和民用上都得到了广泛应用。

发展历程

　　古代，人类利用天上的星星来辨别方向。19 世纪出现了利用人造天体进行导航的设想。20 世纪 60 年代，美国将这一设想变成现实。随后，苏联等国也开始了相关研究和试验。

▲ GPS 卫星在地球轨道运行

系统构成

　　导航卫星系统由一组卫星构成，又称卫星导航系统，包括空间站、地面站和定位设备。空间站就是太空中的卫星，地面站是跟踪卫星的机构，定位设备是接收卫星信号的设备。

工作原理

　　导航卫星有两种定位方式，一种是多普勒测速定位，一种是时间测距导航定位。时间测距导航定位误差小，在目前的卫星导航系统中得到普遍使用。

"子午仪"卫星导航系统

1960 年 4 月 13 日，首颗"子午仪"卫星在美国成功发射。"子午仪"卫星导航系统是世界上第一个卫星导航系统，采用的是多普勒测速定位技术。从 20 世纪 60 年代到 90 年代，美国共成功发射了 36 颗"子午仪"卫星，起初应用于美国海军，后来部分进入民用领域。

▲ 科学家正在测试首颗"子午仪"卫星

卫星分类

　　导航卫星按信号覆盖范围，可分为全球卫星导航系统和区域卫星导航系统。我们现在常用的 GPS 就是全球卫星导航系统的一种。

59

全球导航定位系统

　　全球导航定位系统就是我们熟知的GPS，全名叫"定时测距导航卫星全球定位系统"。它是由美国研制的，具有在海、陆、空进行三维导航与定位功能的定位系统，可用于汽车、物流等多个领域。

全球四大卫星导航系统
　　GPS对世界卫星导航技术的发展具有重要意义。除此之外，目前俄罗斯有格洛纳斯导航系统，欧洲有伽利略导航系统，中国有北斗卫星导航系统。这四大系统并称"全球四大卫星导航系统"。

▲ 伽利略导航系统的导航卫星。

发展历程

　　美国从 20 世纪 70 年代开始研制 GPS，到 1994 年正式建成。GPS 历时 20 多年，共成功发射了 24 颗导航卫星，包括 21 颗工作卫星和 3 颗备用卫星，全球覆盖率达到 98%。

定位原理

GPS卫星经过三代更新,升级了定位系统,通过伪距单点定位、载波相位定位和实时差分定位三重定位,达到了定位的高精度、广范围。

▲ 实时 GPS 追踪

技术特点

GPS 覆盖全球, 全天候定位,可实时导航,并且接收机体积小、操作简便、保密性好,具备全球统一的三维地心坐标,测量结果全球关联。

▼ 智能手机上的 GPS 定位、导航功能让人们出行更加便捷

系统应用

GPS 是目前应用最广的定位系统,可用于精密工程、交通运输、气象监测、农业试验、地球观测、物流系统等多个领域, 也可用于医疗、交通事故等突发事件中。

军事卫星

　　军事卫星是指各种用于军事领域的人造卫星，它是国家军事实力的象征。美国、中国等国都积极研制军事卫星。军事卫星改变了现代作战的方式，也将影响未来世界的局势。

▶ 美国国防卫星通信系统
"DSCS-Ⅲ" 卫星

发展历程

　　美国是世界上最早部署国防卫星系统的国家，后来，随着美国和苏联开展军备竞赛，军事卫星得以发展。如今，由于认识到军事卫星在现代战争中的地位，世界多国都加入了军事卫星的研制行列。

卫星种类

　　军事卫星按照用途，一般可分为侦察卫星、军用气象卫星、军用导航卫星、军用测地卫星、军用通信卫星、截击卫星等。

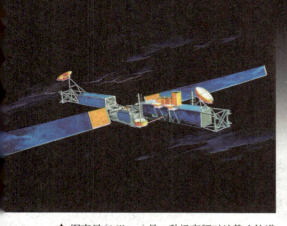

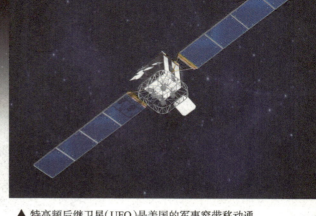

▲ 军事星（Milstar）是一种极高频对地静止轨道军用卫星通信系统

▲ 特高频后继卫星（UFO）是美国的军事窄带移动通信卫星，为美军提供话音和数据通信服务

▶ 美国太空部队的先进极高频通信卫星

卫星特点

　　军事卫星是进行军事侦察、导弹预警的重要设备，具有探测能力强、隐蔽性强、反应速度快、攻防能力强等特点。

◀ 美国的作战响应空间卫星（ORS）是光学成像侦察卫星，具有超强的空间环境适应性

卫星应用

　　军事卫星可用于现代战争，曾在多场战争中发挥重要作用，也可用于现代经济建设。

侦察卫星

高分辨率望远镜

　　侦察卫星是军事卫星的一种，由于常常被用来获取军事情报，又被称为"间谍卫星"。美国和俄罗斯有大量侦察卫星。

▲ 法国"太阳神 1 号"照相侦察卫星能够辨认出地球表面自行车大小的物体

发展历程

　　美国最先开始研制侦察卫星，1959 年发射的"发现者 1 号"是世界上第一颗侦察卫星。之后，侦察卫星不断升级换代，种类也随着技术的发展而增多。

▶ 美国军方回收"发现者号"卫星返回的照相资料，这是该系列卫星第一次成功返回

▲ 侦察卫星工作原理示意图

▼ KH-9 的组装阶段（KH-9 是美国在 1971—1986 年间发射的一系列照相侦察卫星）

卫星种类

　　不同的侦察卫星有不同的侦察手段和侦察任务。侦察卫星一般可分为照相侦察卫星、电子侦察卫星、导弹预警卫星和海洋监视卫星四类。

▼ 在太空中运行的侦察卫星

卫星特点

　　侦察卫星具有站得高、看得准、飞得快、侦察范围大、受到的干扰少、照片技术更新快等特点，被各国当作"超级间谍"。

照相侦察卫星

　　照相侦察卫星是用光学遥感器和微波遥感器拍摄地面成像的人造卫星。这类卫星能够侦察到地面几千甚至几万平方千米的面积，被称为"太空的千里眼"。早期的照相侦察卫星是把拍好的胶卷存入回收舱返回地面，现在的图像传输型侦察卫星能够将拍到的照片通过中继卫星，直接发回地面。

▼ "锁眼 12 号" 侦察卫星是美国照相侦察卫星中性能最好的，在几百千米高度拍摄的照片分辨率能达到 10 厘米

各国卫星

　　美国的侦察卫星数量最多，较著名的有"天基红外系统"卫星等。俄罗斯的侦察卫星有"宇宙"系列、"琥珀"系列等。欧洲的侦察卫星有"太阳神号""宇宙-地中海号"等。

导弹预警卫星

导弹预警卫星是一种预警侦察卫星，用于监视他国的导弹发射，一般由多颗卫星共同组成预警网。

发展历程

美国首先发射了导弹预警卫星，苏联紧跟其后。苏联解体后，俄罗斯继承了苏联的导弹预警系统，而中国后来居上，逐步建立了自己的导弹预警卫星系统。

卫星特点

导弹预警卫星，运行轨道高且不受地球曲率限制，可居高临下进行对地观测；所用材料抗毁坏能力强，工作寿命长；使用红外探测器，反应敏捷，预警精确。

卫星应用

导弹预警卫星可在现代战争和国防安全方面发挥重要的作用，也可用于监测地面的大型火灾和爆炸事故，维护人民的生命和财产安全。

▶ "亚特兰蒂斯号"航天飞机在太空部署"国防支援计划（DSP）"导弹预警卫星

▼ "国防支援计划"导弹预警卫星

"天基红外系统"卫星

"天基红外系统"卫星是美国研制的导弹预警卫星，为美国及其盟国提供导弹攻击的早期预警信息。"天基红外系统"卫星从1995年开始论证，2002年开始研制，于2010年正式发射，计划建成由4颗卫星和2个大椭圆轨道有效载荷组成的卫星系统。

▲ 第三颗"天基红外系统"卫星

著名卫星

早期的导弹预警卫星，有美国研制的"国防支援计划"导弹预警卫星、苏联的"眼睛"导弹预警卫星。如今最主要的导弹预警卫星有美国的"天基红外系统"卫星、中国的"前哨"系列红外预警卫星。

截击卫星

截击卫星是专门攻击敌方卫星和其他航天器的人造卫星。多种截击卫星可构成反卫星系统，用于摧毁敌方卫星，被称为"太空毒花"，可用于军事防御和太空作战。

▲ 截击卫星想象图

发展历程

截击卫星是从拦截导弹发展演变而来的。20世纪50年代，美国开始研制反卫星导弹，并进行高空核爆炸试验，尝试摧毁卫星。随后，中国也开始研制截击卫星等反卫星武器。

▼ 截击卫星摧毁其他卫星想象图

卫星种类

截击卫星有多种类型，有从地面、水下和近地空发射的地基反卫星武器，也有从卫星或其他航天器上发射的天基反卫星武器。

截击手段

　　截击卫星可以在进入目标轨道后，以较快的速度撞击目标；也可以悄悄接近目标，然后自杀式爆炸，用碎片击中对方；还可以发射干扰物破坏目标的工作，使目标失常而坠毁。

▲ 激光武器攻击敌对卫星想象图

截击武器

　　截击卫星常常配备隐蔽又先进的武器，比如导弹、炸弹、核武器、激光武器、高能电磁武器等，能出其不意地攻击目标。

▼ 截击卫星使用"圆锯"摧毁其他人造轨道想象图

▼ 战斗机在高空发射反卫星武器想象图

▼ 截击卫星发射武器想象图

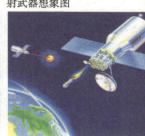

中国第一颗卫星

1970年4月24日，中国第一颗人造卫星——"东方红一号"，在酒泉卫星发射中心发射升空。"东方红一号"的成功发射，标志着中国成为世界上第五个自主研制和发射人造卫星的国家。

▼ "东方红一号"卫星

卫星的设计

"东方红一号"卫星由结构、温控、能源、《东方红》音乐装置等系统构成，遵循"上得去、抓得住、听得见、看得见"的技术方案。

卫星的研制

1958年，"东方红一号"卫星研制计划提出；1965年开始正式研制；1967年正式定名；1970年1月，供预期飞行试验用的两级火箭发射成功；1970年4月，卫星正式发射。

卫星小档案
卫星名称： 东方红一号
发射时间： 1970年4月24日
卫星形状： 近似球形的72面体
轨道高度： 近地点高度441千米/远地点高度2368千米
轨道周期： 114分钟

▲ "长征"系列运载火箭模型

卫星的运行

　　1970 年 4 月 24 日 21 时 35 分，"东方红一号"卫星升空。10 分钟后，卫星顺利进入轨道，并播放《东方红》音乐。1970 年 5 月 14 日，因电池耗尽，卫星停止发送信号。

卫星的任务

　　"东方红一号"卫星的主要任务是进行卫星技术试验，探测电离层和大气层密度，并将遥测参数和各种太空探测资料传回地球。

研制阶段

　　"581"任务时期：1958 年 7 至 8 月，中国科学院成立"581组"，组织协调卫星和火箭探测任务，代号"581"任务。

　　"651"任务时期：1965 年至 1968 年，周恩来总理批示中国科学院提出具体方案，中央决定设立一个卫星设计院，并召开了中国第一颗人造地球卫星的方案论证会。

　　调整时期：1968 年至 1970 年，中国科学院"东方红一号"研制队伍继续进行卫星的研制。

中国人造卫星发展历程

  中国的人造卫星事业已经发展60多年。从非返回式卫星到返回式卫星，从技术试验卫星到多种应用卫星，中国的人造卫星事业经历了一段艰难又辉煌的发展历程。

▲ 陈列于中国人民革命军事博物馆的"尖兵"侦察卫星返回舱

提出设想

  20世纪50年代，随着苏联和美国相继发射人造卫星，人造卫星开始成为中国民众关注的热点。随后，国家领导人提出了研制人造卫星的主张，使人造卫星计划提上日程。

自主研发

  在参观了苏联的科学仪器和卫星模型之后，中国确立了要走自力更生，由小到大，从低级向高级，自主研发人造卫星的道路。

攻克难关

中国的科研人员攻克了卫星姿态控制技术等难关，研制出中国第一颗人造卫星，后来也成功发射了第一颗返回式卫星。

技术升级

在突破回收卫星技术后，中国的科研人员又研发了国土普查卫星、摄影测绘卫星等，并一次次在摄影技术、热控技术、能源技术等方面进行升级，使中国的人造卫星达到世界领先水平。

中国人造卫星的元勋

赵九章：地球物理学家和气象学家，人造卫星事业的倡导者、组织者和奠基人之一。

任新民：航天技术和火箭发动机专家，中国导弹与航天事业开创人之一，曾任卫星工程总设计师。

陈芳允：无线电电子学专家，为人造卫星上天做出贡献。

钱骥：地球物理与空间物理学家、气象学家、航天专家，是中国人造卫星事业的先驱和奠基人。

杨嘉墀：中国航天科技专家和自动控制专家，领导并参加了卫星总体及自动控制系统研制。

王希季：卫星和卫星返回技术专家，曾任航天工业部总工程师，返回式卫星总设计师。

孙家栋：长期领导中国人造卫星事业，曾任中国探月工程总设计师。20世纪60年代，孙家栋担任卫星计划技术总负责人。

中国卫星发射基地

卫星发射基地的建设与人造卫星的发展密切相关，中国目前共有五大卫星发射基地，承载卫星、火箭、空间站、宇宙飞船等各类航天器的发射任务。

酒泉卫星发射中心的卫星成功发射记录

1970 年 4 月 24 日，发射"东方红一号"卫星；
1971 年 3 月 3 日，发射"实践一号"科学试验卫星；
1975 年 7 月 26 日，发射技术试验卫星；
1975 年 11 月 26 日，发射第 1 颗返回式卫星；
1975 年 12 月 16 日，发射技术试验卫星；
1976 年 8 月 30 日，发射技术试验卫星；
1976 年 12 月 7 日，发射第 2 颗返回式卫星；
1978 年 1 月 26 日，发射第 3 颗返回式卫星；
1981 年 9 月 20 日，发射科学试验卫星"实践二号""实践二号甲""实践二号乙"；
1982 年 9 月 9 日，发射第 4 颗返回式卫星；
……
2021 年 2 月 24 日，发射"遥感三十一号 03 组"卫星。

▲ 酒泉卫星发射中心

酒泉卫星发射中心

酒泉卫星发射中心位于甘肃省酒泉市金塔县航天镇，创建于 1958 年。中心曾发射过我国第一颗人造地球卫星、第一颗返回式卫星，执行过多次航天任务，为我国航天事业的发展做出了贡献。

太原卫星发射中心

太原卫星发射中心位于山西省忻州市岢岚县神堂坪乡的高原地区，创建于 1968 年。中心承担了气象、资源、通信等多种卫星的发射任务，曾成功发射我国第一枚中程运载火箭。

◀ 西昌卫星
发射中心

西昌卫星发射中心

　　西昌卫星发射中心又称为"西昌卫星城"，位于四川省西昌市，创建于1970年。中心主要承担地球同步轨道卫星的发射任务，经过多年发展，中心的技术和设备已达到国际水平。

文昌卫星发射中心

　　文昌卫星发射中心位于海南省文昌市龙楼镇，始建于2009年，2016年投入使用。中心面积大，自然环境优越，主要承担无污染运载火箭和新型航天器的发射任务。

▼ 文昌卫星发射中心

东方航天港

　　东方航天港位于山东省烟台市海阳市，2019年投入建设。东方航天港是我国第一个集海上发射、星箭科研生产、卫星应用等多种功能于一体的航天基地。

中国人造卫星现状

中国的人造卫星经过几十年的发展，已经形成了包含科学与探测卫星、技术试验卫星在内的多个卫星系统，并积极发展卫星技术，研制人造火星卫星，造福人类。

卫星系统构建

中国不满足于单颗卫星的发射，从第一颗卫星研制起，就积极建构自己的人造卫星系统，目前已经建成包含科学与探测、技术试验、对地观测、广播通信等在内的多个卫星系统。

▶ "天问一号"负责火星探测任务，是中国行星探测工程下的中国火星探测计划的一部分

卫星种类拓展

2008年，中国发射"天链一号01星"。这是中国发射的首颗数据中继卫星，被称为"卫星的卫星"，标志着中国卫星技术的提高和卫星种类的拓展。

中国的人造卫星系列

　　科学与探测卫星："探测"系列卫星、"悟空号"暗物质粒子探测卫星、"墨子号"量子科学实验卫星、"慧眼号"X射线天文卫星。

　　技术试验卫星："实践"系列卫星、"张衡"系列卫星。

　　对地观测卫星："资源"系列卫星、"遥感"系列卫星、"海洋"系列卫星、"高分"系列卫星、"环境"系列卫星、"天绘"系列卫星。

　　广播通信卫星："东方红"系列卫星、"鑫诺"系列卫星、"中星"系列卫星、"亚太"系列卫星。

　　气象卫星："风云"系列卫星。

　　导航卫星：北斗卫星导航系统。

　　军事卫星："烽火"系列卫星、"天链"系列卫星。

　　人造月球卫星："嫦娥一号"卫星。

卫星跨越发展

　　1970年，中国发射人造地球卫星"东方红一号"；2007年，中国发射人造月球卫星"嫦娥一号"，标志着中国人造卫星的跨越式发展。

卫星服务全球

　　中国的北斗卫星导航系统向世界开放，中国的"张衡一号"卫星数据加入全球地磁场参考模型。中国与世界合作，中国的卫星致力于为全球发展服务。

风云气象卫星

　　风云气象卫星是中国自主研发的气象卫星，已成功研制发射了 20 颗。风云气象卫星的升空，标志着中国成为继美国、俄罗斯之后世界上第三个同时拥有两种轨道气象卫星的国家。

发展历程

　　我国自 1977 年开始研制气象卫星，于 1988 年成功发射了"风云一号"。2023 年 4 月 16 日，我国首颗低倾角轨道降水测量卫星——"风云三号 G 星"发射成功。

▲ "风云一号"气象卫星

技术革新

　　经过 50 多年的发展，气象卫星相关技术得到长足发展，新一代卫星在时间分辨率、空间分辨率、探测谱段和探测要素等方面都有了突破。

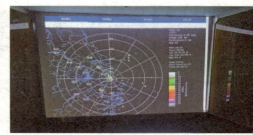

▲ "风云二号"卫星云图实时接收系统

监测功能

　　风云气象卫星携带多种遥感仪器,能够在全球范围内实施立体、全天候、多光谱、定量探测,有效监测灾害天气和重大自然灾害。

"风云四号B星"

　　2021年6月3日0时17分,"风云四号B星"在西昌卫星发射中心成功发射升空,并进入预定轨道。"风云四号B星"是风云四号卫星系列的第二颗卫星,是在轨运行的"风云四号A星"的姊妹星。相比A星,B星进行了技术升级,测量的精度提高了,扫描成像的速度更快了。B星和A星组成星网后,将会更好地服务于气象监测。

未来发展

　　未来中国还将发射多颗具备最新技术的风云气象卫星,并向亚太空间合作组织成员国赠送风云气象卫星数据广播系统接收站,使卫星造福更多国家。

◀ "风云二号"气象卫星

北斗卫星导航系统

　　北斗卫星导航系统是中国人的"北斗星"，是中国独立研制、自主建设运行的全球卫星导航系统。目前，该系统已广泛应用于各领域，为国家的发展做出了贡献。

发展历程

　　北斗卫星导航系统的研制按照"三步走"发展战略：2000年底，建成北斗一号系统，向中国提供服务；2012年底，建成北斗二号系统，向亚太地区提供服务；2020年，建成北斗三号系统，向全球提供服务。

▲ 北斗导航试验卫星

北斗卫星发射记录
　　2000年10月31日，发射第1颗北斗导航试验卫星；
　　2000年12月21日，发射第2颗北斗导航试验卫星；
　　2003年5月25日，发射第3颗北斗导航试验卫星；
　　2007年2月3日，发射第4颗北斗导航试验卫星；
　　2007年4月14日，发射第1颗北斗导航卫星；
　　2009年4月15日，发射第2颗北斗导航卫星；
　　2010年1月17日，发射第3颗北斗导航卫星；
　　2010年6月2日，发射第4颗北斗导航卫星；
　　2010年8月1日，发射第5颗北斗导航卫星；
　　……
　　2020年6月23日，发射第55颗北斗导航卫星；
　　2023年5月17日，发射第56颗北斗导航卫星。

技术优势

　　相比GPS，北斗卫星导航系统优势明显：高轨卫星多，抗遮挡能力强；卫星数量多，定位精确度高；融合导航与通信功能；系统安全且与GPS兼容，适合全球应用。

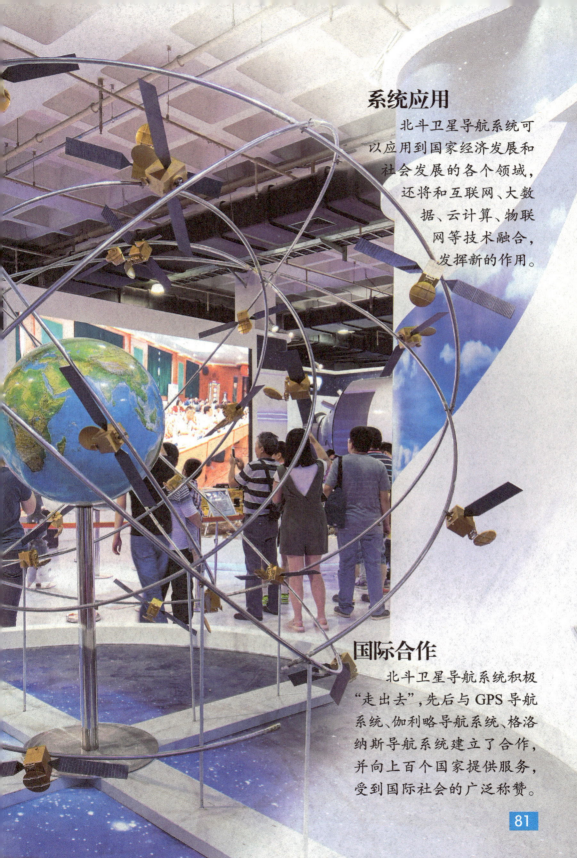

系统应用

北斗卫星导航系统可以应用到国家经济发展和社会发展的各个领域，还将和互联网、大数据、云计算、物联网等技术融合，发挥新的作用。

国际合作

北斗卫星导航系统积极"走出去"，先后与GPS导航系统、伽利略导航系统、格洛纳斯导航系统建立了合作，并向上百个国家提供服务，受到国际社会的广泛称赞。

人造卫星的寿命

当人造卫星完成任务，自然毁灭或回到地球后，它的一生就结束了。任何一颗人造卫星在研制时就已经被设计了寿命。目前，科学家也在采取措施来延长卫星的寿命。

▲ 部分零件损坏的卫星

卫星寿命的计算

卫星的寿命是指从卫星进入运行轨道到自然坠毁或者在地球着陆的时间。卫星在轨道上工作的时间是工作寿命，在轨道上生存的时间是轨道寿命。

◀ 中国载人航天的第一个目标飞行器——"天宫一号"只有6年多的寿命；它于2011年9月29日发射升空，2018年4月2日落入南太平洋中部

影响卫星寿命的因素

卫星的寿命与卫星自身零件的寿命、卫星运行的空间环境和卫星所在的轨道有关。大气的阻力、日月的引力都会影响卫星的运行，空间的重粒子事件也会导致卫星的部分零件失效。

▶ "轨道快车"卫星

延长寿命的措施

科学家在研制卫星的时候，就会考虑到各种因素。他们会对寿命较短的零件备份处理，也会让大型卫星携带更多的推进剂，如今，更是研发出救护卫星来延长各种卫星的寿命。

卫星的"死亡"处理

当卫星的寿命终结后，一些离地球近的卫星，会降低速度落入大气层烧毁；一些离地球很远的卫星，会被推入"太空墓地"，还有一些会被反卫星导弹摧毁。

▲ 在太空中燃烧的人造卫星想象图

▲ 像流星一般坠向地球的人造卫星

▼ 坠落到地球上的人造卫星残骸

人造卫星与空间探测器

人造卫星和空间探测器同属于航天器家族,都是人类进行宇宙探测的无人航天器。空间探测器对探测对象进行深度探测,探测结束后,部分会变为卫星,沿轨道飞行。

自主控制姿态

相比人造卫星,空间探测器需要对行星进行近距离观测或登陆观测,因此要能够自主控制飞行的姿态,调整轨道,找到着陆的位置。

进行信息储存

相比人造卫星,空间探测器形成的观测数据更多,离地球更远,因此常装有电子计算机,对一些数据进行压缩存储。

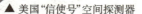
▲ 美国"信使号"空间探测器

空间探测器的发展

自 1957 年人类发射第一颗卫星以来,人类在空间探测器的研制上已经实现了丰硕的成果。1959 年 1 月,苏联发射"月球"系列探测器,将探测的目标瞄准月球。1970 年,苏联发射的"金星 7 号"空间探测器在金星表面软着陆。1972 年和 1973 年,美国的"先驱者 10 号""先驱者 11 号"先后抵达木星……一系列的宇宙探测让人类对宇宙的了解不断深入。

▲ 苏联"月球 1 号"空间探测器

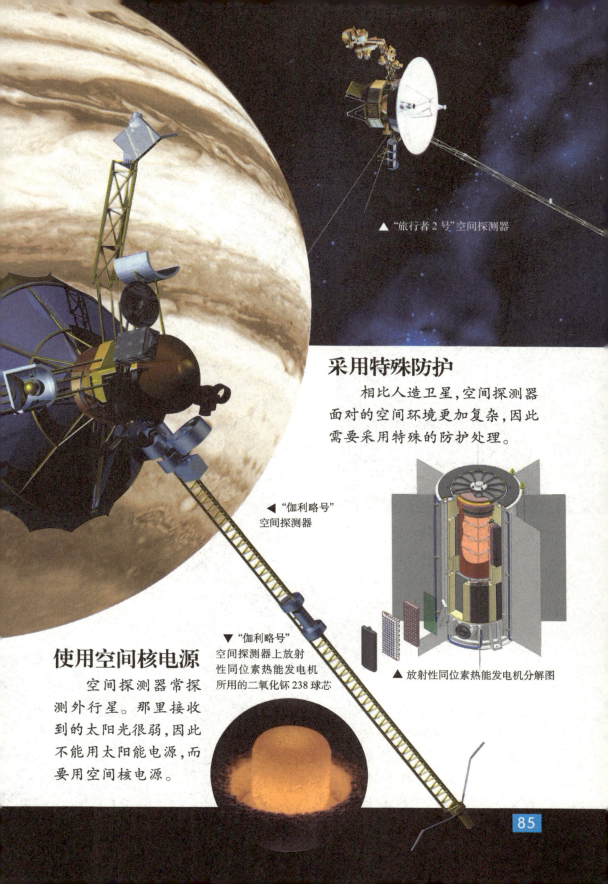

▲ "旅行者2号"空间探测器

采用特殊防护

　　相比人造卫星,空间探测器面对的空间环境更加复杂,因此需要采用特殊的防护处理。

◀ "伽利略号"
空间探测器

使用空间核电源

　　空间探测器常探测外行星。那里接收到的太阳光很弱,因此不能用太阳能电源,而要用空间核电源。

▼ "伽利略号"空间探测器上放射性同位素热能发电机所用的二氧化钚238球芯

▲ 放射性同位素热能发电机分解图

人造卫星与太空垃圾

太空垃圾又叫空间碎片,是留在太空中的各种人造废弃物和它们的衍生物。留在太空的火箭残骸和报废的人造卫星,都属于太空垃圾,会威胁太空的安全。

▲ 美国 1958 年发射的"尖兵 1 号"人造卫星虽报废多年,但至今仍在其轨道上运行,是轨道上现存历史最长的太空垃圾

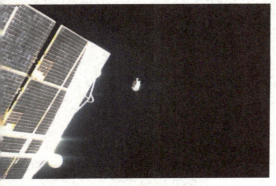

◀ 美国"奋进号"航天飞机的一名航天员在太空行走维修轨道器时发生意外,使装有空间站工作设备的工具包滑入太空

▼ 我们的地球已经被太空垃圾包围,再不清理,将会影响人类的太空活动

太空垃圾的现状

地球轨道上有大约 4000 个运行或报废的人造卫星和火箭残体,另外还有大约 6000 个可以跟踪到的垃圾碎片。它们以每小时 2 万千米的速度在太空飞行。

太空垃圾的危害

太空中的垃圾可能撞击航天器,给航天事业带来隐患。它们也可能释放辐射性物质,污染宇宙空间,给人类带来灾难。

太空垃圾清理

科研人员正在研究清理太空垃圾的各种方法。如用航天飞机把停止工作的卫星带回地球;用气体"脉冲"将太空垃圾击落到地球大气层里;用清扫卫星来清理太空垃圾等。

抵御太空垃圾

国际上已经规定,飞行器完成任务后,要改道到运行轨道外;对已经编号的碎片要全程跟踪。美国甚至为空间站安装了金属遮蔽罩,用于抵御太空垃圾。

▲ 人造卫星正在清理太空垃圾

太空"清道夫"——"遨龙一号"
"遨龙一号"于 2016 年 6 月 25 日成功发射升空,是中国自主研制的空间碎片主动清理飞行器。它的机械臂系统融合了仿生、机械、电子控制等多种学科,可以跟踪废弃卫星和目标碎片,并把它们"抓"回来,带到大气层进行烧毁。"遨龙一号"为太空环境的清洁做出了贡献。

未来的人造卫星

　　我们生活在一个高度依赖卫星的时代，随着技术的发展，未来的人造卫星将种类更多样，操作更灵活，给人们的生活和各行业带来更多的便利。

隐身卫星

　　用于军事领域的卫星，需要考虑隐蔽性。将卫星制作得小一些，让它吸收、不反射或尽量少反射雷达电波，避免与地面的通信接触，模拟空间状态，就可以达到隐身的效果。

纳米卫星

　　纳米卫星的分析仪、图像传感器等设备都集中在半导体芯片上。这样的卫星直径不会超过15厘米，重量可降到0.1千克以下，可以批量发射升空。

立方体卫星

立方体卫星既是一种卫星，也是一项教育计划。大学生可以自行研制这种小型卫星，用以研究空间科学。目前世界上许多大学都参与了这项计划，发射升空的卫星超过 100 颗。

▲ 三个立方体卫星从小型的卫星轨道部署器中弹射出来

虚拟卫星

虚拟卫星是一种全新的卫星资源整合系统。它利用多源遥感数据处理和信息提取技术，根据数据选择策略，整合世界上在轨的卫星资源，获取这些卫星采集到的信息。它是一种虚拟的运营平台，可以充分运用世界卫星资源，服务社会。

碳卫星"虚拟星座"

2017 年，我国碳卫星数据产品对全球用户免费开放，中国成为继日本、美国之后，第三个可以提供碳卫星数据的国家。中国新一代碳卫星的设计将面向国内的监测需求、国际社会的盘点需求研发。计划使用这颗卫星和美国、日本等其他国家合作形成碳卫星"虚拟星座"，联合观测大气二氧化碳，为全球气候变化提供更加丰富的监测数据。

▶ 人类设想中的虚拟卫星

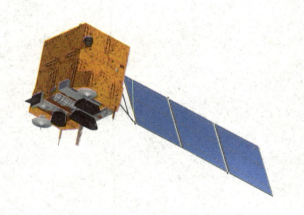